纯粹手绘

室内设计电脑手绘
快速表现

连柏慧 编著

机械工业出版社
CHINA MACHINE PRESS

本书共六部分：第一部分为工具，第二部分为材质表现，第三部分为软装饰品表现，第四部分为空间示范，第五部分为色彩示范，第六部分为作品欣赏。

本书是作者对手绘教学方法的大胆创新，通过学习电脑手绘快速表现，不用会透视，不用尺子慢慢描，不用建模，不用花长时间渲染，想画什么就画什么，灯光、材质直接可以画出效果。它可以帮助读者更快速、更便捷地绘出相片级的室内设计手绘效果图。

本书可供建筑设计、景观设计和室内设计等专业的从业者或其他对手绘感兴趣的读者阅读使用。

图书在版编目（CIP）数据

纯粹手绘：室内设计电脑手绘快速表现/连柏慧编著.—北京：机械工业出版社，2018.7

ISBN 978-7-111-60087-9

Ⅰ.①纯… Ⅱ.①连… Ⅲ.①室内装饰设计-计算机辅助设计-图形软件 Ⅳ.①TU238-39

中国版本图书馆 CIP 数据核字（2018）第 113178 号

机械工业出版社（北京市百万庄大街 22 号　邮政编码 100037）

策划编辑：关正美　　责任编辑：关正美

责任校对：潘　蕊　　封面设计：张　静

责任印制：张　博

北京东方宝隆印刷有限公司印刷

2018 年 7 月第 1 版第 1 次印刷

285mm×280mm・10 印张・350 千字

标准书号：ISBN 978-7-111-60087-9

定价：79.00 元

凡购本书，如有缺页、倒页、脱页，由本社发行部调换

电话服务　　　　　　　　　网络服务

服务咨询热线：010-88361066　机 工 官 网：www.cmpbook.com

读者购书热线：010-68326294　机 工 官 博：weibo.com/cmp1952

　　　　　　 010-88379203　金 书 网：www.golden-book.com

封面无防伪标均为盗版　　　 教育服务网：www.cmpedu.com

序 言

手绘是设计师必须具备的基本技能之一。一方面，对内梳理逻辑关系，记录自己思维的轨迹，推敲空间的比例；另一方面，对外和团队成员简略沟通想法，向客户快速表达设计构思，能让业主更容易接受你的设计。同时，赏心悦目的手绘作品也可让自己在设计的过程乐在其中。在 30 多年的职业生涯中，我确实享受到手绘的乐趣，也从中获益良多，很多是来自尊敬同行的交流。多年前，连柏慧先生的手绘就给我眼前一亮的惊喜，之后一直关注。

连先生的纯粹手绘，简练的线条、丰富的色彩、直指设计的精髓，很受启发。近些年，连先生更与时俱进、创新地将传统手绘带入电脑时代：更高的效率及更强的效果，让我感悟、学习并进步。

连柏慧先生无疑是手绘高手中的高手。坚持此路不容易，更难得的是把自己的得道分享给大家，让同行都成为高手，这是真正大爱之心。连先生是手绘的引领者，我向连先生的奉献精神致敬！

CCD 香港郑忠设计事务所合伙人兼副总裁

前 言

在现代化高速发展的今天,设计学不仅成为艺术学派中具有商业价值的学科之一,而且从学派艺术中脱离出来,开始慢慢讲究效率和方法。现在人们在设计创作的过程中掌握的方法和手段越来越多元化,其中电脑手绘快速表现作为一种主要的表现手段,已被社会认可。

从项目的设计思想开始创意,运用电脑手绘画出空间推敲线稿,选择透视导向,可以更轻松、更准确地绘制手绘效果图,让设计者在方案前期节省更多的时间与效果图成本。

学习电脑手绘快速表现,不用会透视,不用尺子慢慢描,不用建模,不用花长时间渲染,想什么就画什么,灯光、材质直接可以画出效果。它更快速、更便捷,十分钟左右便可以绘出相片级的手绘效果图。

这是一个可能改变室内设计手绘行业的表现技能,希望通过本书让更多的人了解电脑手绘,并且在设计表现技能上得到更多的帮助。

目录
/CONTENTS

序言

前言

01 | 工具 / 0
　　工具介绍

02 | 材质表现 /16
　　质感 纹理

03 | 软装饰品表现 /24
　　空间精髓 软装配饰

04 | 空间示范 /32
　　推敲 思维 空间 比例 形态

05 | 色彩示范 /42
　　灯光 质感 纹理

06 | 作品欣赏 /60
　　现代的大气 古典的雅韵

01
UNIT

[工具]
TOOL

+

室内设计电脑手绘

工具介绍

纯粹手绘
室内设计电脑手绘快速表现
Interior Computer Hand Drawing Skills

工具 | 工具介绍

Autodesk SketchBook 界面工具介绍

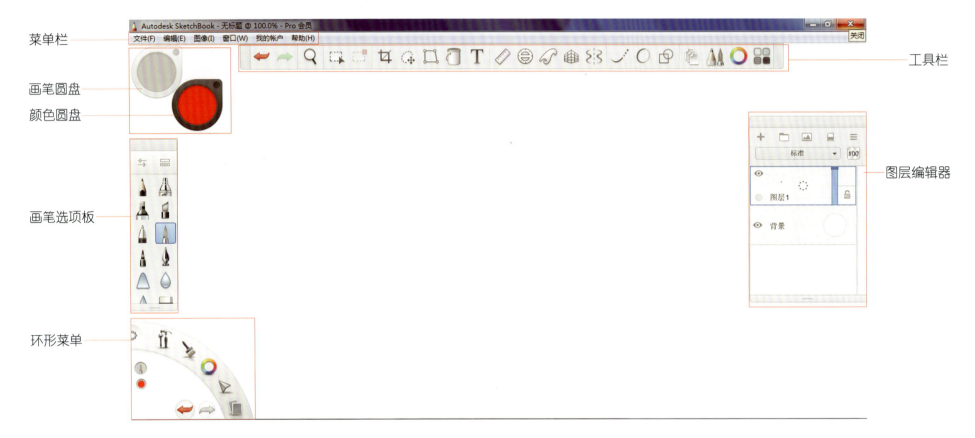

工具栏介绍

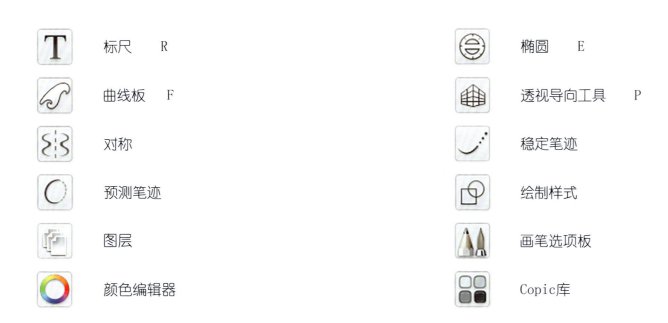

选择工具介绍

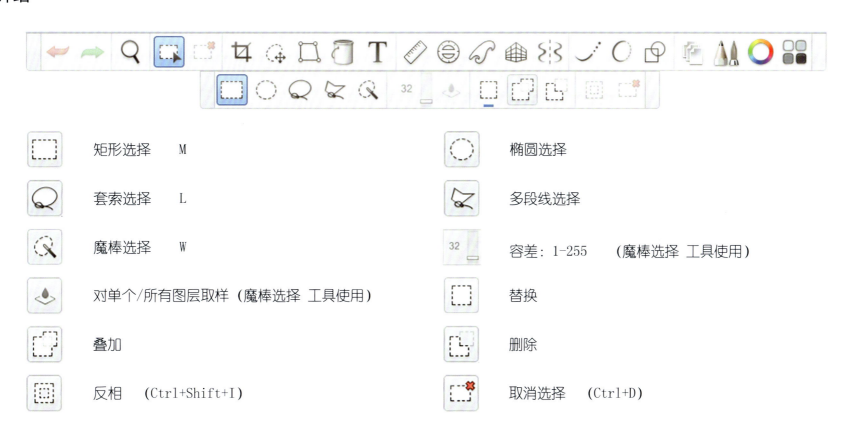

纯粹手绘
室内设计电脑手绘快速表现
Interior Computer Hand Drawing Skills

工具 | 工具介绍

电脑手绘工具介绍

数位板不能显示所画的内容,需连接电脑,靠电脑屏显示,不太方便,需要一个星期才能适应手绘板。(推荐如下)

品名:Wacom Intuos
　　　数位板
适用:专业
型号:CTL-490、CTL-6100WL、CTL-4100

品名:Wacom Intuos Pro
　　　数位板
适用:专业
型号:PTH-451、PTH-660、PTH-860

数位屏可以直接在屏上绘画，需连接电脑，相对来说会比较方便，价格稍贵。（推荐如下）

品名：Wacom Mobile Studio
　　　创意移动电脑
适用：专业
型号：DTH-W1320、DTH-W1620

品名：新帝液晶数位屏
适用：专业
型号：DTH-2421、DTK-2421、DTH-2700、DTH-3221
　　　24英寸/27英寸/32英寸

纯粹手绘
室内设计电脑手绘快速表现
Interior Computer Hand Drawing Skills

工具 | 工具介绍

品名：Wacom Intuos Pro M
　　　数位板
适用：专业
型号：PTH-660/K0-F

品名：Wacom Cintiq Pro 13英寸/16英寸
　　　触控液晶数位屏
适用：专业
型号：DTH-1320

品名：Wacom Mobile Studio Pro 13英寸/16英寸
　　　创意移动电脑13英寸
适用：专业
型号：DTH-W1320T

电脑手绘的工具分三种：

数位板
Wacom Intuos Pro 系列数位板，不仅能够在电脑屏幕上绘画，同时Wacom Intuos Pro Paper Edition又能捕捉笔画，随时可以在软件中进一步处理。

数位屏
Wacom Cintiq Pro 13英寸/16英寸是数位屏，需要连接台式电脑或者笔记本电脑，可以显示电脑屏幕的画面，这样直接拿笔在屏幕上绘图比较直接、快捷、方便。对于初学者来说，是很容易上手的工具。

移动电脑
Wacom Mobile Studio Pro 13英寸/16英寸的型号是移动电脑，不需要连接电脑，方便携带与客户交流，可直接在屏幕上绘画。

对于设计行业的从业者来说，常常需要以手绘来表达设计思想或记录瞬间的灵感。

如何能高效、高质地完成效果图，转而能将更多的时间投入到创作思考上，已成为整个设计行业一直在探索的问题。

在今天日益发达的计算机效果图面前，手绘能够更直接地同设计师沟通。它是衡量设计师综合素质的重要指标。同时相关设计专业的学生室内设计新技能的掌握对就业也具有很大的影响。对于设计师来说，用手绘快速、真实地表达出设计思想，是设计表达领域一直在追求的目标。

而电脑手绘经过短时间的训练之后，只花十分钟左右的时间就可以画出效果图，既快捷又直观。

通过Wacom数位板或手绘屏，结合使用PS软件可直接、简单、快速地将设计思想表现出来。

学习电脑手绘，一个好的硬件配备也是不可缺少的。

纯粹手绘
室内设计电脑手绘快速表现
Interior Computer Hand Drawing Skills

工具 | 工具介绍

电脑手绘

空间准确真实
利于二次修改

边构思边深化
省时、省力、省心

软件辅助学习
快捷、方便绘图

电脑手绘的作用

从无到有

方案构思、记录和分析

根据平面图运用SKB的透视辅助工具快速把线稿表现出来，加上连柏慧老师独创的笔刷把方案表现出来。

现场方案

在毛坯房上直接画方案

通过现场拍照，运用设计师的手绘功底与特殊技能，快速地与客户边交流边画出真实的空间，让客户对设计构思一目了然。

二次修改

快速、方便修改3D效果图

现场与客户交流时方便现场修改部分设计想法。

纯粹手绘
室内设计电脑手绘快速表现
Interior Computer Hand Drawing Skills
工具 | 工具介绍

快速变换工具介绍

矩形框选（移动、旋转、缩放）工具

索引框选（移动、旋转、缩放）工具

整个图层（移动、旋转、缩放）工具

变换工具介绍

缩放

扭曲

取消

确定

填色工具

实边填充

线性填充

径向填充

容差1-255

对单个/所有图层取样

反转

取消

确定

字体文本图层介绍

按添加文本图层 T 出现编辑文本图层（如下）

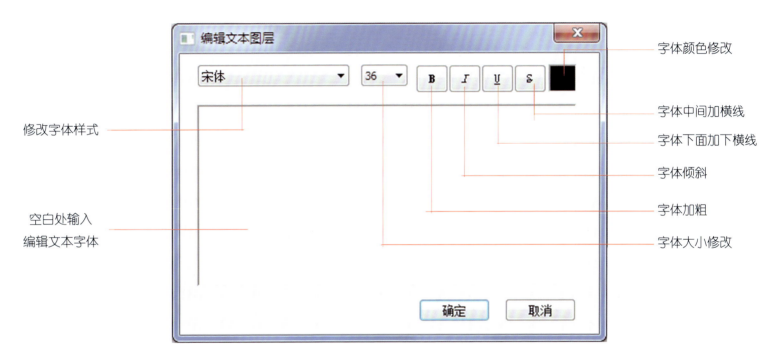

- 修改字体样式
- 空白处输入编辑文本字体
- 字体颜色修改
- 字体中间加横线
- 字体下面加下横线
- 字体倾斜
- 字体加粗
- 字体大小修改

透视导向工具介绍

- 1 点模式
- 2 点模式
- 3 点模式
- 鱼眼模式
- 捕捉/取消捕捉
- 锁定/取消锁定终止点
- 显示/隐藏水平线

纯粹手绘
室内设计电脑手绘快速表现
Interior Computer Hand Drawing Skills
工具 | 工具介绍

对称工具介绍

绘制样式工具介绍

图层工具介绍

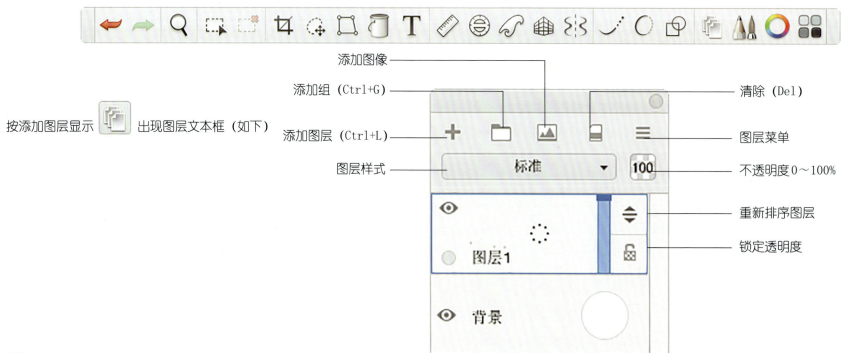

纯粹手绘
室内设计电脑手绘快速表现
Interior Computer Hand Drawing Skills
工具 | 工具介绍

画笔选项板工具介绍

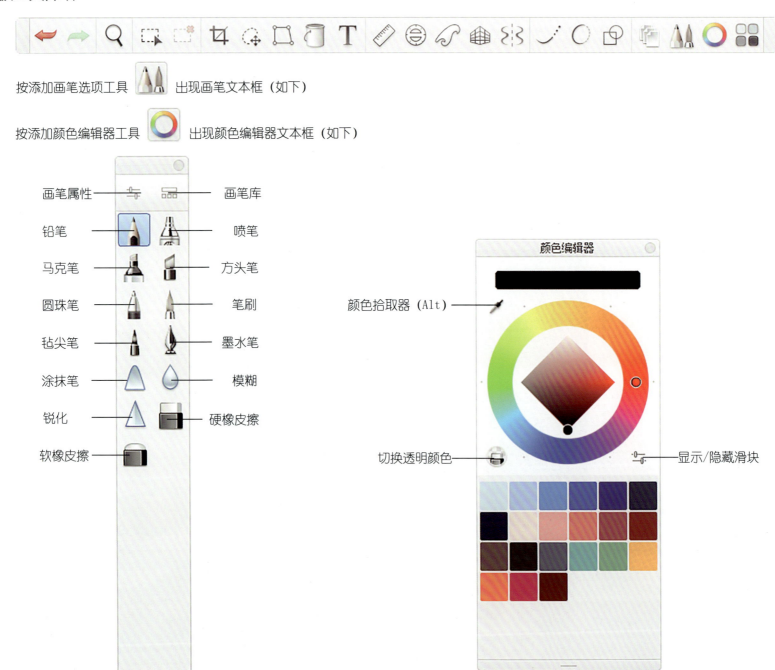

02
UNIT

[材质表现]
MATERIAL PERFORMANCE

+

室内设计电脑手绘

质感　纹理

纯粹手绘
室内设计电脑手绘快速表现
Interior Computer Hand Drawing Skills

材质表现 | 质感 纹理

木纹材质表现

木纹笔刷：

以下是部分常用的木纹笔刷，先运用打底色的笔刷把物体的明暗与质感画好，最后拿木纹的笔刷直接勾画几笔，材质的纹理就能表现出来。

竖纹笔刷1

竖纹笔刷2

竖纹笔刷3

竖纹笔刷4

天空表现

天空笔刷：

以下是部分常用的天空笔刷，直接吸取天空的颜色，注意天空的深浅与层次关系，运用天空笔刷表现出来。

天空笔刷1

天空笔刷2

天空笔刷3

天空笔刷4

纯粹手绘
室内设计电脑手绘快速表现
Interior Computer Hand Drawing Skills
材质表现 | 质感 纹理

地毯纹理表现

地毯笔刷：

以下是部分常用的地毯笔刷，先运用打底色的笔刷把地毯的明暗与质感画好，最后拿地毯的笔刷直接勾画几笔，地毯的纹理就能表现出来。

树纹笔刷

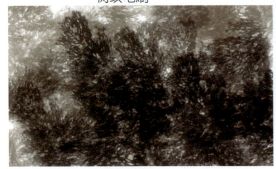

布纹笔刷

水墨画笔刷

线状笔刷

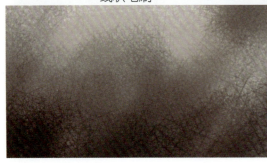

地面材质表现

地面笔刷：

以下是部分常用的地面笔刷，先运用打底色的笔刷把地面的明暗与反光画好，最后拿地面的笔刷直接勾画几笔，地面的纹理就能表现出来。

小颗粒状笔刷

条纹笔刷1

条纹笔刷2

条纹笔刷3

纯粹手绘
室内设计电脑手绘快速表现
Interior Computer Hand Drawing Skills

材质表现 | 质感 纹理

墙体墙纸纹理表现

墙纸笔刷：

以下是部分常用的墙纸笔刷，先运用打底色的笔刷把墙纸的明暗与质感画好，最后拿墙纸的笔刷直接勾画几笔，墙纸的纹理就能表现出来。

石材纹理笔刷

条纹纹理笔刷

细纹笔刷

颗粒状纹理笔刷
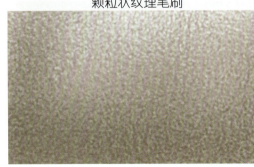

装饰画表现

装饰画笔刷：

以下是部分常用的装饰画笔刷，先运用打底色的笔刷把装饰画的明暗关系画好，最后拿装饰画的笔刷直接勾画几笔，装饰画就能表现出来。

点状纹理笔刷

树形笔刷

水墨画笔刷1

水墨画笔刷2

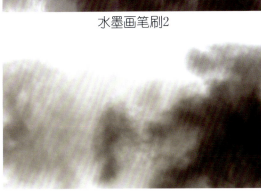

03
UNIT

[**软装饰品表现**]
ADORNMENT PERFORMANCE

+

室内设计电脑手绘

空间精髓　软装配饰

纯粹手绘
室内设计电脑手绘快速表现
Interior Computer Hand Drawing Skills

软装饰品表现 | 空间精髓 软装配饰

步骤1

运用SKB的透视辅助功能,画出柜子的一点透视线稿,注意物体的整体比例关系。

步骤 2

在PS里面把柜子的底色平涂一遍,注意光线颜色的深浅,把部分高光调亮。

步骤 3

把柜子里面的材质深化,柜子的深度也一起表现出来。

柜子表现：

　　柜子是一点透视，视平线高度为1m。运用SKB的透视辅助功能把柜子线稿表现出来，要注意柜子的比例与结构关系，色彩先打底色然后区分明暗关系，最后运用木纹的笔刷把纹理表现出来。

纯粹手绘
室内设计电脑手绘快速表现
Interior Computer Hand Drawing Skills

软装饰品表现 | 空间精髓 软装配饰

软装组合表现：

  整体软装的线稿是运用了SKB软件表现出来的，然后运用PS把整体色彩表现出来。

  地毯的纹理、装饰画的纹理、枕头花纹、植物这些都是运用连柏慧研发的设计师专用笔刷表现出来的。有了专用的笔刷，纹理刷几笔就能出来，主要注意整体的明暗与层次关系，色彩搭配通过参考图吸取颜色，这样就不需要不断地调整色调，相对来说会比较方便。

纯粹手绘
室内设计电脑手绘快速表现
Interior Computer Hand Drawing Skills
软装饰品表现 | 空间精髓 软装配饰

沙发软装表现：

沙发通过SKB软件把线稿表现出来，地毯与装饰画运用设计师专用笔刷来表现，注意纹理的疏密关系与明暗关系。灯具是直接贴图上去然后再画几笔灯光调亮。

沙发软装表现：

　　整体的色调都比较相似，所以底色可以先铺一个大体的颜色，然后再整体区分明暗关系，再把单体深化，纹理是最后直接用笔刷表现出来的。这张图的灯具是直接勾画出来的，灯具的这些弧度就需要一定的手绘功底。

04
UNIT

室内设计电脑手绘

推敲　思维　空间　比例　形态

纯粹手绘
室内设计电脑手绘快速表现
Interior Computer Hand Drawing Skills

空间示范 | 推敲 思维 空间 比例 形态

中式客厅一点透视线稿

步骤 1：

这套中式的家具有部分是可以运用SKB对称工具表现出来的。其他则需要取消对称功能表现出来。要注意家具的比例与结构关系。

步骤 2：

根据前面的家具尺寸把后面的墙体与装饰表现出来。

这个空间运用了一点透视辅助工具，视平线高度定在1m。

步骤3：

整体空间要注意三满一放，左右墙体与地面满，天花板要放。

纯粹手绘
室内设计电脑手绘快速表现
Interior Computer Hand Drawing Skills
空间示范 | 推敲 思维 空间 比例 形态

别墅客厅线稿

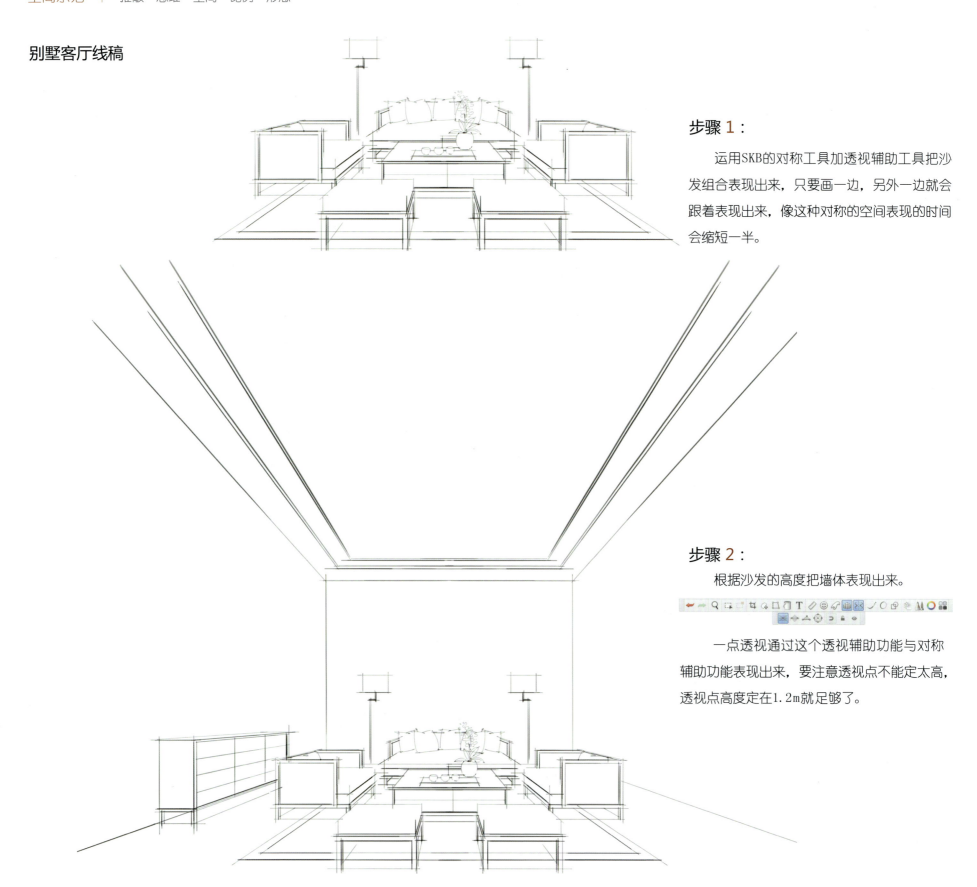

步骤1：

运用SKB的对称工具加透视辅助工具把沙发组合表现出来，只要画一边，另外一边就会跟着表现出来，像这种对称的空间表现的时间会缩短一半。

步骤2：

根据沙发的高度把墙体表现出来。

一点透视通过这个透视辅助功能与对称辅助功能表现出来，要注意透视点不能定太高，透视点高度定在1.2m就足够了。

步骤 3：

先把左边墙体的装饰画表现出来，根据墙体的高度把墙身的石材分缝，右边的是窗户与玻璃门。最后把天花板与地面表现出来。

纯粹手绘
室内设计电脑手绘快速表现
Interior Computer Hand Drawing Skills
空间示范 | 推敲 思维 空间 比例 形态

中式客厅两点透视线稿

步骤1：
　　运用SKB软件辅助功能把前面沙发组合表现出来，要注意沙发的结构关系与质感表现。

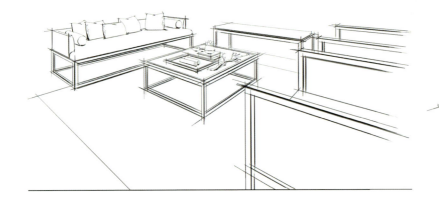

步骤2：
　　把沙发后面的墙体设计拉伸出来。

步骤3：
　　后面的书桌根据透视表现出来，然后再把后面的书柜设计表现出来。

　　两点透视空间利用透视辅助功能把空间表现出来，要注意两个透视点要在画纸的外面，这样出来的透视感会比较好。如果透视点太近，出来的透视感会太强烈，导致画面家具变形。视平线高度定于1.2m。

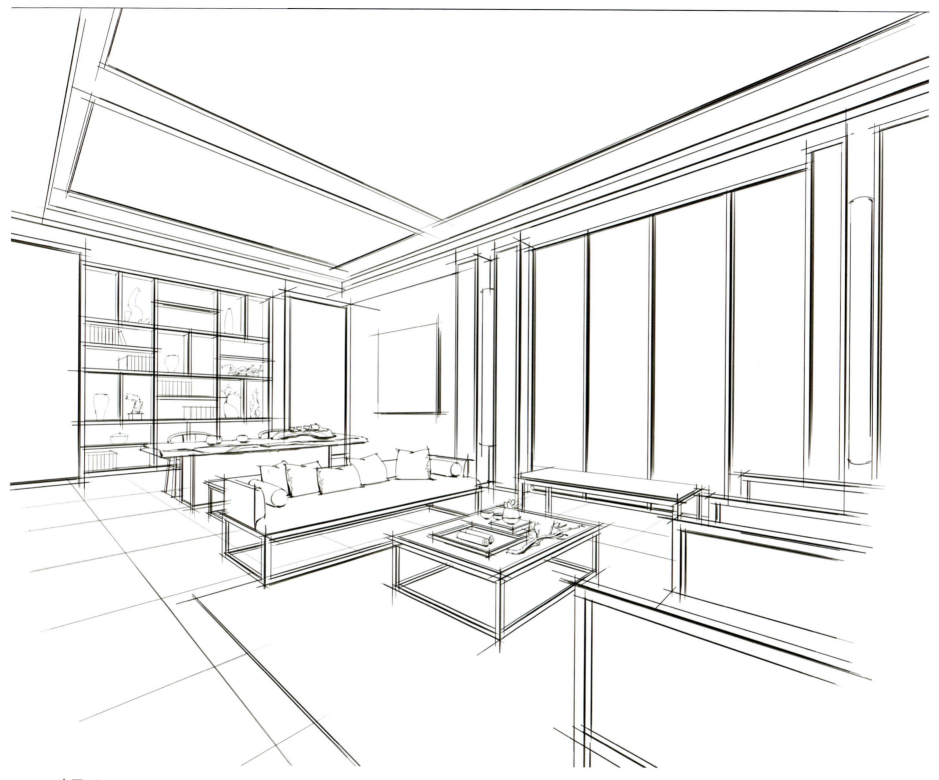

步骤 4：

根据墙体的设计，把天花板与地面的设计表现出来，装饰品也勾画出来。事实上很多装饰品线稿是不需要表现的，因为在后期色彩表现中可以直接运用笔刷勾画出来就行。

纯粹手绘
室内设计电脑手绘快速表现
Interior Computer Hand Drawing Skills

空间示范 | 推敲 思维 空间 比例 形态

售楼部洽谈区两点透视线稿

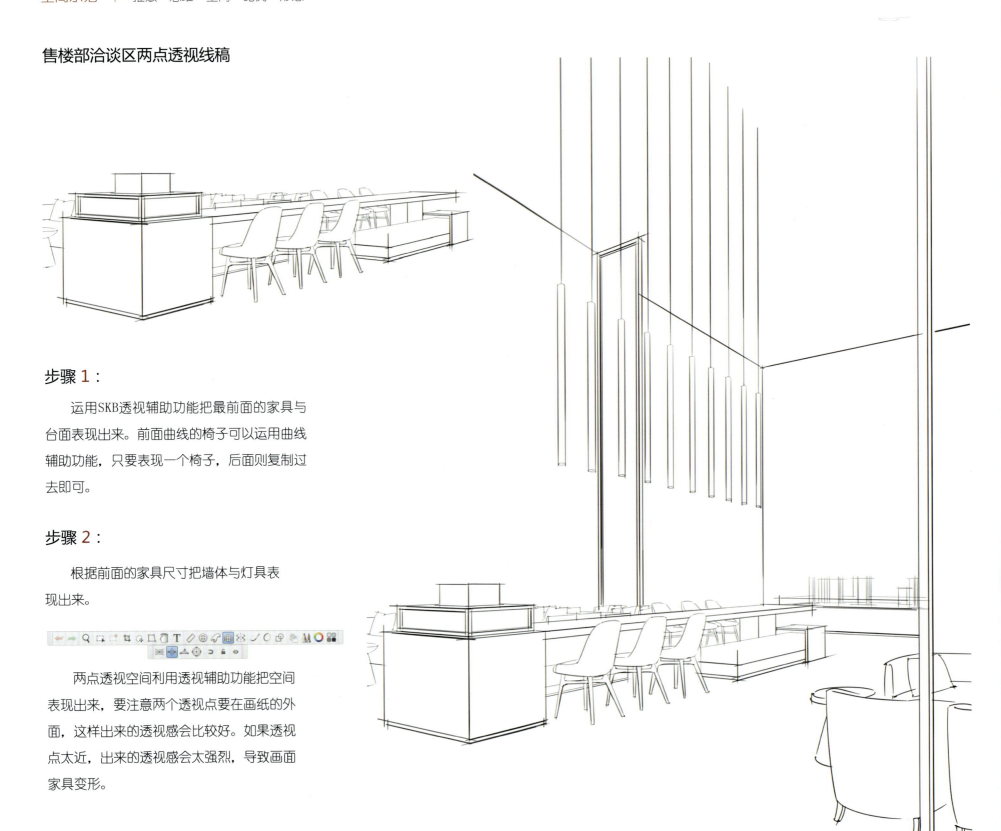

步骤1：

运用SKB透视辅助功能把最前面的家具与台面表现出来。前面曲线的椅子可以运用曲线辅助功能，只要表现一个椅子，后面则复制过去即可。

步骤2：

根据前面的家具尺寸把墙体与灯具表现出来。

两点透视空间利用透视辅助功能把空间表现出来，要注意两个透视点要在画纸的外面，这样出来的透视感会比较好。如果透视点太近，出来的透视感会太强烈，导致画面家具变形。

步骤 3：

最后把墙体的设计与地面、天花板的分割线表现出来。整个空间的装饰品可以直接在后期色彩表现中直接画出来，所以线稿就没有花太多时间去表现。

05
UNIT

[色彩示范]
COLOR DEMONSTRATION

+

室内设计电脑手绘

灯光 质感 纹理

纯粹手绘
室内设计电脑手绘快速表现
Interior Computer Hand Drawing Skills

色彩示范 | 灯光 质感 纹理

餐厅一点透视电脑手绘效果图

步骤 1：

运用设计师专用笔刷把空间体表现出来，要区分前后深浅与虚实关系。把大体的灯光氛围表现出来。

空间整体的颜色可以根据参考图片吸色表现出来，而不需要自己慢慢地在颜色板上调整颜色，这样的速度会快很多。

墙身、天花板、地面打底笔刷

步骤 2：

运用笔刷把窗外的蓝天与植物表现出来，由于窗属于远景，所以窗外的一些植物表现得概括一点就行，直接用笔刷快速点缀一下。把空间中前面的椅子与桌子表现出来。

窗外蓝天笔刷

桌面肌理笔刷

步骤3：

吧台那边的椅子与中间桌子的椅子是一样的，我们只要表现一张椅子就可以把后面的椅子复制过去，这样软装就能快速地表现出来，把桌面的装饰品、天花板的灯具与收边的植物表现出来。植物也是运用了设计师专用笔刷，吸取参考图片的颜色就可以快速地表现出来。一张这样的效果图只需要20分钟就能完成。

植物笔刷

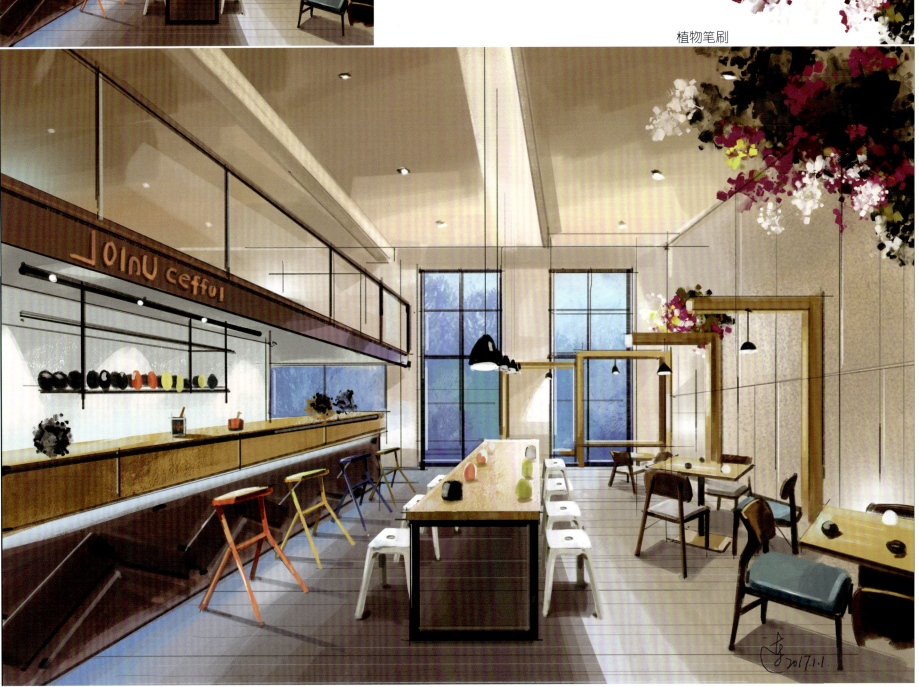

纯粹手绘
室内设计电脑手绘快速表现
Interior Computer Hand Drawing Skills
色彩示范 | 灯光 质感 纹理

餐厅一点透视电脑手绘效果图

步骤1：

　　这是一个餐厅设计空间，为了节省时间，线稿上没有勾画太多，主要以PS上色为主，整体填充色彩一个图层，然后再把局部墙体深化。

步骤2：

　　左右两边软装餐桌的表现，主要把其中一组表现出来，其他的直接复制，这样可以省略很多时间。最左边的吧台边凳也是直接复制过去。

步骤 3：
　　把整体的装饰品表现出来，桌面上的装饰品也是表现一个，然后其他的复制，把整体的空间细化、深化，区别前景、中景和远景的虚实关系。

木纹笔刷　　　　　　墙体肌理笔刷　　　　　　水晶灯笔刷　　　　　　地面肌理笔刷

纯粹手绘
室内设计电脑手绘快速表现
Interior Computer Hand Drawing Skills
色彩示范 | 灯光 质感 纹理

售楼部洽谈区一点透视电脑手绘效果图

步骤 1：

　　这是一个对称空间，用PS上色的时候直接把左边的画完然后复制镜像过来就行。

步骤 2：

　　把软装家具表现出来。

地毯纹理笔刷

天花板、墙体笔刷

沙发笔刷

植物装饰笔刷

吊灯笔刷

步骤 3：

　　灯具与装饰品表现出来，远处的装饰品可以只表示轮廓。

纯粹手绘
室内设计电脑手绘快速表现
Interior Computer Hand Drawing Skills
色彩示范 ｜ 灯光 质感 纹理

客厅一点透视电脑手绘效果图

步骤1：

  这是一个现代客厅空间电脑手绘表现，把墙体、天花板和地面的色调氛围表现出来。注意整体灯光氛围的表现，前面的比较重，后面的比较轻。

步骤2：

  把空间的软装与纹理细化，注意软装的结构、明暗和色调搭配。

步骤3：

最后把空间里的植物、花瓶和枕头等装饰品表现出来，墙体的木纹运用木纹笔刷表现出来。此外，灯光也是直接运用笔刷画出来的，根据空间调整一下灯光大小就可以了。

天花板笔刷

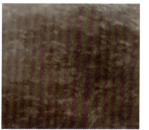

地毯笔刷

木纹笔刷

植物笔刷

纯粹手绘
室内设计电脑手绘快速表现
Interior Computer Hand Drawing Skills

色彩示范 | 灯光 质感 纹理

别墅客厅两点透视电脑手绘效果图

步骤 1：
在毛坯房里直接把方案构思的线稿快速表现出来。要注意物体与墙身之间的比例和整体透视关系。

步骤 2：
用打底笔刷把整体的天花板、地面和墙体的关系区分开整体色块。

步骤 3：
深化家具，注意家具的明暗与整体的颜色搭配。墙体细节跟着一起深化。

步骤4：
把高光调整出来，让空间整体的对比更加强烈，最后深化整体空间的材质表现。

纯粹手绘
室内设计电脑手绘快速表现
Interior Computer Hand Drawing Skills
色彩示范 | 灯光 质感 纹理

办公室一点透视电脑手绘效果图

步骤 1：

在毛坯房里直接把方案构思的线稿快速表现出来。要注意物体与墙身之间的比例和整体透视关系。

步骤 2：

运用设计师专用笔刷把天花与墙体的底色画好。

打底笔刷

颗粒笔刷

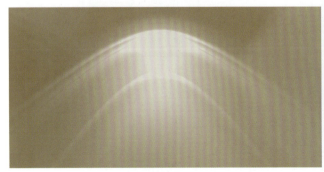

灯光笔刷

步骤3：

把整体空间的色彩表现出来，注意空间的光影与层次变化。

纯粹手绘
室内设计电脑手绘快速表现
Interior Computer Hand Drawing Skills

色彩示范 | 灯光 质感 纹理

地面颗粒笔刷

天花板、地面笔刷

灯光笔刷

展厅两点透视电脑手绘效果图

步骤1：

在毛坯房里直接把方案构思的线稿快速表现出来。要注意物体与墙身之间的比例和整体透视关系。

步骤2：

运用设计师专用笔刷把天花与墙体的底色画好。

步骤3：

把整体空间的色彩表现出来，注意空间的光影与层次变化。

纯粹手绘
室内设计电脑手绘快速表现
Interior Computer Hand Drawing Skills

色彩示范 | 灯光 质感 纹理

别墅客厅两点透视电脑手绘效果图

步骤1：

在毛坯房里直接把方案构思的线稿快速表现出来。要注意物体与墙身之间的比例和整体透视关系。

步骤2：

运用设计师专用笔刷把空间整体色彩搭配底色表现出来。

步骤3：

细化空间中的物体与整体材质的纹理，再把之前的线稿覆盖。

步骤4：

　　物体与墙体的高光表现出来后，吊灯运用笔刷点缀出来。

06
UNIT

[**作品欣赏**]
DESIGNS APPRECIATE

\+

室内设计电脑手绘

现代的大气　古典的雅韵

纯粹手绘
室内设计电脑手绘快速表现
Interior Computer Hand Drawing Skills

作品欣赏 | 现代的大气　古典的雅韵

别墅外观：

　　这套别墅运用了现代风格的手法来设计，所以在整体的表现中块面感会比较强。整体氛围表现是晚上，天空我们运用了深蓝色，注意要把晚上的灯光感表现出来，所以外面的草地与地面这些都要用灯光色自然过渡。

作者：连柏慧

别墅走道：

　　这个别墅走道的线稿运用了SKB软件的透视辅助表现出来，整体空间色彩运用了设计师专用笔刷打底。空间的颜色吸取参考图片的色彩，注意整体空间的明暗轻重之分。地面的木地板属于半反射的材质，所以材质的质感要表现部分的倒影与反光。这张图除了考虑室外光，还要考虑室内光。最后面植物的配景直接用笔刷点击出来然后再框选出植物颜色变化。

作者：连柏慧

纯粹手绘
室内设计电脑手绘快速表现
Interior Computer Hand Drawing Skills
作品欣赏 | 现代的大气 古典的雅韵

别墅外观：

这个是别墅外观的另外一个角度，表现手法与之前一样，整体除了注意建筑体块外，还要注意植物前后虚实关系，前面的植物细化一点，后面的植物要虚化一点。植物、草地与远景虚化的植物都是直接用设计师专用笔刷表现出来的。

作者：连柏慧

别墅走道：

　　表现角度是从室内往室外看，这样在构图上会形成近景、中景与远景，视觉感会比较好。要注意近景整体的色调要重，远景整体的色调要虚化。

作者：连柏慧

纯粹手绘
室内设计电脑手绘快速表现
Interior Computer Hand Drawing Skills

作品欣赏 | 现代的大气 古典的雅韵

积优办公室外观：

从屋顶的顶部看过去，这个角度是以最前面的大树与屋顶作为前景，前景的植物树叶也是直接用设计师专用笔刷表现出来的，不需要一根根叶子去勾画，从而加快绘图的速度。远景的植物也是直接运用笔刷点击一下就能出来，主要是要调整画笔的颜色深浅以区别前后关系，整体的画面表现的时间段是黄昏，所以天空与物体都带有黄昏的色调。

作者：连柏慧

积优办公室：

　　这是一处现代联合办公地点，整体的色彩块面感都比较强，体块比较大，都是采用了大笔的笔速感来表现，外面窗户的植物要注意颜色不能特别鲜艳，否则会影响室内设计的视觉效果。

作者：连柏慧

纯粹手绘
室内设计电脑手绘快速表现
Interior Computer Hand Drawing Skills

作品欣赏 | 现代的大气 古典的雅韵

积优办公室公共区域：

　　这是积优办公室内的公共区域，由于这个是对称的空间，所以只要表现左边一半，右边的直接复制镜像过去即可。对称的空间表现会节省传统手绘所需时间的一半。SKB里的线稿有对称工具，开启对称工具，直接画左边，右边就能表现出来。

作者：连柏慧

积优会议室：

    这个空间只有中景与远景，属于浅空间，前面的椅子就需要细化一点。前面的椅子只需要画左边的椅子，右边的复制镜像过去即可。

作者：连柏慧

纯粹手绘
室内设计电脑手绘快速表现
Interior Computer Hand Drawing Skills

作品欣赏 | 现代的大气 古典的雅韵

办公室设计：

　　这是一套完整的办公方案设计，平面图方案确定后运用PS把地面的材质贴图画进去，只需要几分钟的时间，就能让平面彩图与众不同。办公的前台、厕所和展示区这些用电脑手绘的概念图，只需要十五分钟就能快速完成一张，从而提高工作效率。

　　前台与厕所的石材纹理采用了贴图，然后在新建的图层里区分一下明暗，地面与墙体的纹理都是采用了PS笔刷绘制出来，其他大块面的底色采用了连柏慧老师研发的100号打底笔刷表现出来。打底要注意整体明暗关系。

作者：连柏慧

作者：连柏慧

纯粹手绘
室内设计电脑手绘快速表现
Interior Computer Hand Drawing Skills

作品欣赏 | 现代的大气 古典的雅韵

总经理室设计：

　　家具的摆放是对称的，所以在SKB中画家具的时候运用对称功能，墙体两边不是对称的时候就取消对称辅助功能。整个画面的色调通过参考图片吸取颜色，根据参考图的色调比例，把颜色分配到整个空间。装饰品直接框选出来移动到画面上，书柜有些装饰品可以复制，这样就可以减少绘画的时间又能更好地表现。

作者：连柏慧

会议室设计：

　　会议室的椅子相对比较多，为了节省时间，这个空间我们选择从中间看过去，运用一点透视来表现，那么椅子就能运用对称的功能，主要画一边，另外一边也就能够表现出来。后面的椅子就直接复制最前面的椅子，然后缩放到合适的大小，这就是电脑手绘是最方便、快速的表现方式之一的原因。整体空间都是从基本的打底开始，然后区分整体空间的明暗关系，最后再把纹理运用笔刷表现出来。灯具要注意近大远小，前面的体块要大点，后面的体块要小点。一张这样的效果图大概利用了三十分钟的时间就能快速表现出来。

作者：连柏慧

纯粹手绘
室内设计电脑手绘快速表现
Interior Computer Hand Drawing Skills

作品欣赏 | 现代的大气 古典的雅韵

清吧设计：

  整体空间都是对称的，所以家具都可以复制对称过来，那么，这个空间可以直接在毛坯房里表现。现场把照片拍出来后，把照片不透明化，然后新建一个图层，直接在画面上勾画大概的草图，然后把整体空间的颜色区分出来，先把墙体、地面和天花板勾画好后，再把家具、灯具和装饰品表现出来。整体的灯光调整以后，射灯都是直接运用连柏慧老师研发的灯光笔刷直接表现出来。

作者：连柏慧

大堂吧设计：

  为了表现局部的设计，可以采用两点透视，因为两点透视可以把主要的墙体细节表现得细致一点。线稿都是通过透视辅助功能快速表现出来的。大理石、装饰画、灯具和植物这些都是运用设计师专用笔刷，稍微点缀几笔，整理的效果很快就能表现出来。

作者：连柏慧

纯粹手绘
室内设计电脑手绘快速表现
Interior Computer Hand Drawing Skills

作品欣赏 | 现代的大气　古典的雅韵

中餐厅设计：

运用了SKB的对称功能，把空间的线稿表现出来，色彩也是画其中的一半，另外一半复制再镜像过来。整体的空间要注意前面的色调重点，后面的地方亮点。整个空间运用了大理石、肌理漆、木材和乳胶漆，材质的表现要注意属性，例如：地面的石材，属于半反射的，所以在铺一层底色的时候，再吸取墙体的颜色给地面一点反光，最后再添加纹理。

作者：连柏慧

大堂大厅设计：

　　这个大堂大厅的楼层相对比较高，无论是大小空间，我们都要把它简单化。由于SKB里可以直接把平面导入到地面然后拉伸出来，那么大的空间有了这种方法，画起物体来就简单方便很多。很多大堂的设计都是对称空间多，再加上我们整体设计以暖色调为主，所以色彩表现时直接铺一个中间色调即可，然后再区分暗面与亮面，最后再把其他色系表现出来。

作者：连柏慧

纯粹手绘
室内设计电脑手绘快速表现
Interior Computer Hand Drawing Skills

作品欣赏 | 现代的大气 古典的雅韵

别墅设计：

整套方案运用了现代中式的手法，色调以暖色系为主。采用了柚木、爵士白大理石和灰石等材质。在前期方案构思的时候就运用了电脑手绘，把整体的方案构思想法表现出来。

作者：连柏慧

别墅客厅设计：

左边所示是入户花园，与下面酒窖空间的平面都是对称的布局，我们统一采用了对称手法，这样整体的设计感也会很协调，表现的速度也相对加快。

学习电脑手绘可以快速地把自己的构思想法表现出来。

作者：连柏慧

纯粹手绘
室内设计电脑手绘快速表现
Interior Computer Hand Drawing Skills

作品欣赏 | 现代的大气 古典的雅韵

别墅客厅设计：

整体设计运用了现代中式风格来表现，以前面的柱子为前景，家具的摆放是对称的，所以在画家具的时候就运用了对称功能，而墙体就要取消对称功能。整体要注意前后虚实关系。

作者：连柏慧

会客厅设计：

　　线稿与色彩都运用了对称的形式，所以整个空间只需要二十分钟的时间就能表现出来。空间的颜色都是通过参考图片吸取颜色表现出来的。整体的物体与墙体要注意前面的写实一点，颜色深一点；后面的颜色浅一点。主要的灯光在空间的中间，所以整体的亮度以茶几为中心往四周散发，所以茶几和沙发这些要区分好亮、灰、暗的关系。

作者：连柏慧

纯粹手绘
室内设计电脑手绘快速表现
Interior Computer Hand Drawing Skills
作品欣赏 | 现代的大气 古典的雅韵

一层平面布置图　　　　　　　　　　二层平面布置图

佛山别墅设计：

　　这个是佛山别墅的一层与二层平面布置图。平面布置图可以用CAD来表现，也可以运用SKB来表现，无论是CAD还是SKB，在保存图片的时候把墙体与家具保存一张图片，地面的分线保存一张图片，然后放进PS里，这样贴图或是填色块的时候，运用魔法棒选取就会比较方便。

作者：连柏慧

构思方案草图：

　　平面图方案确定后，在构思想法的时候一般画一些这样的草图，利用几分钟时间勾画一下自己的想法，但有时候给客户看或者给绘图员去表现的时候可以细化一点，这样就能运用到电脑手绘。电脑手绘有透视辅助功能，勾画几笔就能很清晰地把方案表现出来。

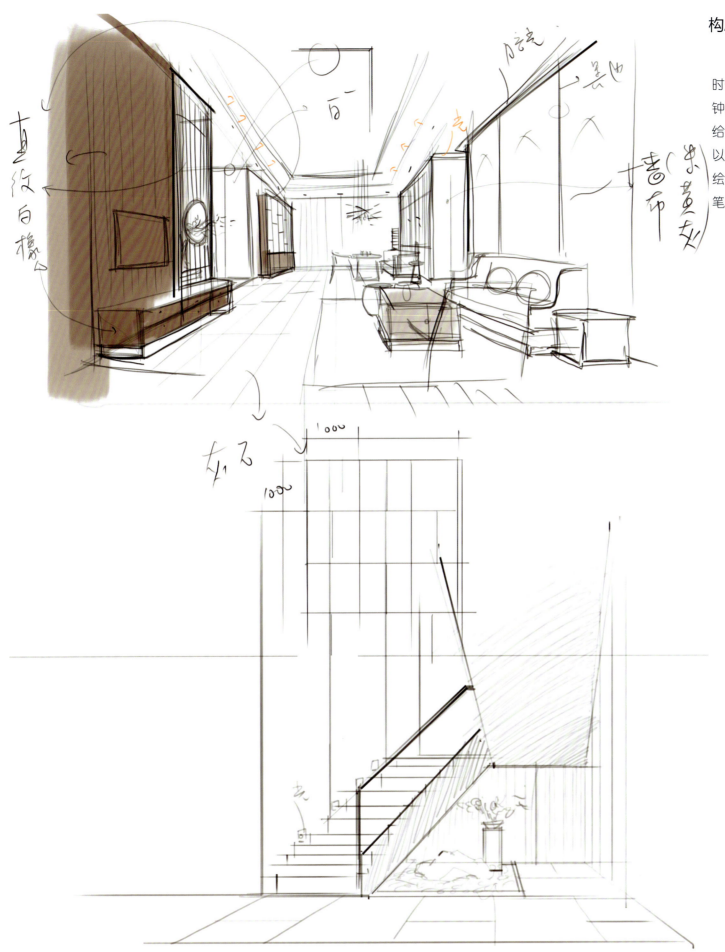

作者：连柏慧

纯粹手绘
室内设计电脑手绘快速表现
Interior Computer Hand Drawing Skills

作品欣赏 | 现代的大气　古典的雅韵

作者：连柏慧

佛山别墅设计：

在设计方案中，运用SKB修改平面方案是很快捷的。

有了这个方案的调整后运用SKB的透视功能把客厅的构思想法线稿表现出来，线稿表现要注意线条的轻重关系，转折面、暗面的地方线条要重点，可以来回画几笔或者下笔的时候重点，因为数位板、数位屏是有压感的，绘画的力度不一样，出来的效果深浅也不一样。

色彩运用了PS的软件与设计师专用笔刷，再加上方案的气氛参考图，在上色的时候直接吸取参考图的颜色，这样就不需要自己调整色彩。要学会运用将参考图的颜色比例运用到整体空间里，要观察与学习色彩体块的比例，这样能更好地运用参考图来表达自己的设计色调。

作者：连柏慧

纯粹手绘
室内设计电脑手绘快速表现
Interior Computer Hand Drawing Skills
作品欣赏 | 现代的大气 古典的雅韵

佛山别墅设计（卧室）：

平面方案确定后把整体的卧室想法表现出来，也可以直接在SKB中根据平面图把立面图表现出来，这样可以看看整体的立面效果是否合适。同时，色彩也可以在SKB里直接完成。

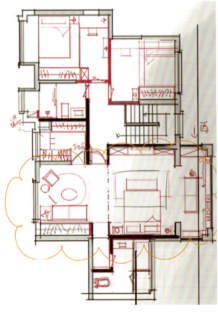

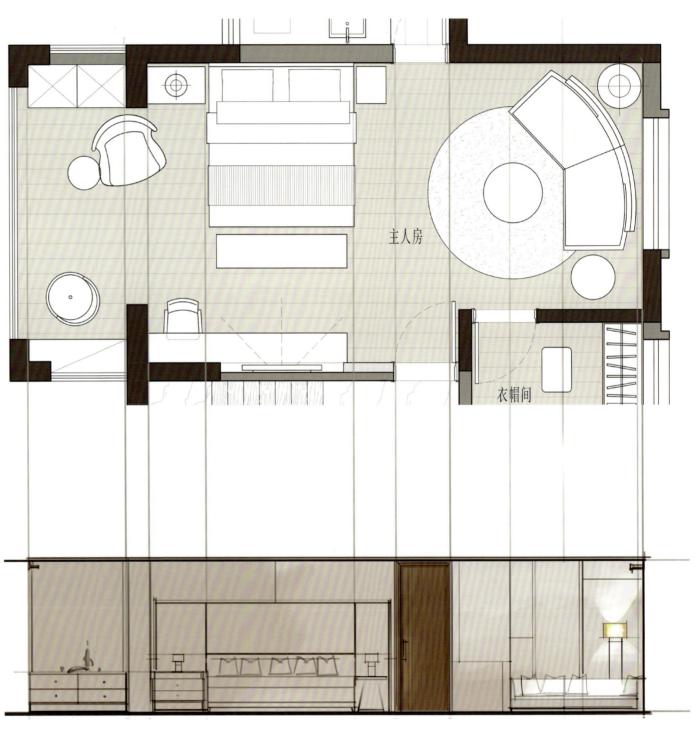

作者：连柏慧

佛山别墅设计（卧室）：

这个方案运用了现代中式的设计手法，先用整个空间的中间色把空间的色系填充完，然后区分整体的明暗关系，把有灯光的位置调亮，再把地面与物体的颜色区分开。木地板的材质属于半反光，所以在铺一遍颜色后，要吸取墙体的颜色给出地面一点倒影。墙体的纹理、植物都是采用设计师专用笔刷完成的。

作者：连柏慧

纯粹手绘
室内设计电脑手绘快速表现
Interior Computer Hand Drawing Skills

作品欣赏 | 现代的大气 古典的雅韵

佛山别墅设计（入户花园）：

把中间色调铺满整个空间，再区分整体的前后关系与轻重关系，最后再把空间的其他色调表现出来。

作者：连柏慧

佛山别墅设计（客厅方案）：

运用了SKB的两点透视辅助功能，快速地把客厅的方案表现出来。两点透视表现得比较局部，但是墙体会比较细化，整个空间要注意前实后虚。

作者：连柏慧

纯粹手绘
室内设计电脑手绘快速表现
Interior Computer Hand Drawing Skills
作品欣赏 | 现代的大气 古典的雅韵

民宿：

这是采用"吴彦祖改造的最美民宿"作为底图，运用了电脑手绘新技能，快速地把这个房子表现出来。建筑的画法与室内设计的画法相同。

在SKB软件中运用了透视辅助功能把线稿表现出来。色彩运用了PS软件与连柏慧老师研发的设计师专用笔刷。

建筑的画法步骤是先从天空开始，延伸到地面再到墙体，最后才是植物的点缀与材质纹理的表现。

建筑设计的效果图要分白天、黄昏或是晚上，这张图主要表现黄昏时间段的效果，所以整体的色调相对会比较暗，整体吸取颜色的时候要稍微重点，植物的色彩表现也要重一些。

作者：连柏慧

建筑设计的效果图主要表现的时间段是晚上,所以天空的颜色是深蓝色,整体的墙体也很重,植物的色调变得更黑,在黑的当中要给出轻微的暗绿色。最后把灯光感表现出来。

作者:连柏慧

纯粹手绘
室内设计电脑手绘快速表现
Interior Computer Hand Drawing Skills
作品欣赏 | 现代的大气 古典的雅韵

办公建筑表现：

　　整体建筑线稿运用了SKB的透视辅助功能来表现。表现环境的时间段是傍晚，整体的墙体色调要调整得暗一点。那么想表现建筑的傍晚，挑选参考图片的时候就要挑选傍晚的参考图。如果是表现白天的建筑，那么参考图片必须要白天的，因为这样出来的色调才会和谐。

　　室外灯光的表现要注意前面的灯光颜色会比较黄，色调比较清晰，远处的灯光会比较淡。植物直接用笔刷一笔就整体表现出来了。

作者：张志贤

别墅建筑表现：

  这是一个两点透视的建筑画法，整个别墅的建筑是三层楼。这个作品是表现者站在二楼看过去，线稿的画法可以先把二楼与三楼表现出来，再往下面表现一层与水池的地方。

  天空运用了打底的笔刷，让整体过渡得比较自然。配景植物运用了植物的笔刷，颜色的明度会低点，使整体的植物更融合到空间里。整体建筑外观以木饰面为主，要注意区分开木饰面的亮、灰和暗的关系。最后把灯光的光感表现出来。

作者：张志贤

纯粹手绘
室内设计电脑手绘快速表现
Interior Computer Hand Drawing Skills

作品欣赏 | 现代的大气 古典的雅韵

会所一层平面图

会所二层平面图

会所方案：

平面图是运用了CAD把所有的功能分区表现出来。在地面材质的彩屏上运用了PS软件贴图的方式，把不同地面石材与木地板的图片区分开不同的图层，地面用魔法棒选取后，选择反选，删除不需要的元素。

作者：劳彩媚

会所前台与休息区：

　　整体设计运用现代中式风格，以暖色调为主，整个空间的画法与之前都相同，前台大理石纹理是采用了贴图的形式，贴图后再运用设计师专用笔刷作为明暗的变化，窗户与地面的地花我们采用了贴图，然后框选，再给出颜色变化。灯具、墙体皮革材质与植物都是直接运用笔刷表现出来的。

作者：劳彩媚

纯粹手绘
室内设计电脑手绘快速表现
Interior Computer Hand Drawing Skills

作品欣赏 | 现代的大气 古典的雅韵

会所走廊：

　　这套方案的特点就是屏风的表现方法，因为如果一笔一笔地去勾画，时间太长，直接贴图没有色彩的变化，所以我们采用了屏风黑白的底图放进画面，调整好大小，运用魔法棒吸取屏风的图案，然后用设计师专用笔刷区分屏风的明暗关系。左边的屏风主要表现一个以后，后面的直接复制，但是远处的屏风要调亮一点。

作者：劳彩媚

棋牌室：

　　运用了两点透视的方法把棋牌室的方案表现出来。这个画面上把最前面的椅子作为前景，这样可以让空间的视觉感更强。装饰画、地毯和植物这些都是直接运用设计师专用笔刷表现出来，桌面的茶杯是贴图。可以保存一些比较好看的装饰品，以后在运用时就更方便。

作者：劳彩媚

纯粹手绘
室内设计电脑手绘快速表现
Interior Computer Hand Drawing Skills
作品欣赏 | 现代的大气 古典的雅韵

现代中式客厅表现：

　　这个空间有部分是对称的，所以就采用了对称工具，没有对称的时候则取消对称功能。在对称的物体或者墙体上色彩可以选择上完后复制，整体的空间与物体要区分好明暗关系。植物、地毯和木纹这些都是运用设计师专用笔刷来表现的，后面柜子的装饰品运用了贴图并进行了稍微的修改。

作者：劳彩媚

现代欧式卧室：

  表现手绘不管是什么风格都要学会从平面去拉伸空间，有很多人觉得欧式的风格难以表现，其实不管表达什么风格的空间，都应把它归类为立方体。对于初学者来说应该先建一个图层，把物体归类为立方体表现出来，然后再新建一个图层，在这个图层上表现不同款式的软装，软包要注重方向，窗帘直接框选窗的区域然后用深浅不一的画笔来回勾画几笔就可以表现出来。整体的空间要考虑的是接近窗户的地方都会亮一点，户外的颜色也要注意延伸一些到室内，这样空间才会显得比较自然。

作者：劳彩媚

纯粹手绘
室内设计电脑手绘快速表现
Interior Computer Hand Drawing Skills

作品欣赏 | 现代的大气 古典的雅韵

现代中式卧室表现：

  这个空间采用的是日光与室内光结合来表现，所以在整体打底的时候要把室外的光线一起考虑在室内。窗户有窗纱，但是还隐隐约约地看到外面的蓝天，所以室内要有稍微的蓝色调让窗户与室内关联在一起，物体的最顶部基本是作为亮面为主。床背景的装饰直接贴图，然后在装饰的贴图下面加上投影，让它整体融入整个空间里。

作者：劳彩媚

现代中式客厅表现：

　　整体运用了现代中式风格的设计手法来表现，空间元素也很统一。色调以暖色调为主，加上红色的点缀使空间更明朗，空间的灯具与背景墙的装饰品运用了贴图的方式，使空间绘图更快捷、方便。

作者：劳彩媚

纯粹手绘
室内设计电脑手绘快速表现
Interior Computer Hand Drawing Skills

作品欣赏 | 现代的大气 古典的雅韵

现代中式客厅表现：

  这是一点透视中式客厅表现，以室内光为主，整体空间以天花板中间的吊灯为主光源，所以茶几和沙发的最上面为亮面，这样能使空间的光感更强。

作者：李展华

餐厅表现：

　　一点透视对称空间，空间里运用了对称的手法使绘图的时间更快。整体以室内黄光为主，整体氛围更好，后面的装饰品主要画几种就行，其他的直接复制。窗外的天空直接使用了贴图。

作者：李展华

纯粹手绘
室内设计电脑手绘快速表现
Interior Computer Hand Drawing Skills
作品欣赏 | 现代的大气 古典的雅韵

现代中式别墅方案：

  这是一套现代中式别墅方案表现，在透视方面运用了一点透视、两点透视与一点斜透视。在画手绘选角度的时候可以根据设计情况而定，大的空间可以选择一点透视，小的空间可以选择两点透视，一点斜透视出来的效果最好看，画面感最灵活，但是对于初学者没那么容易把握。不过SKB有透视辅助功能，无论画什么透视零基础都能学会。

作者：蔡玫玲

衣帽间、卫生间、会客厅

作者：蔡玫玲

纯粹手绘
室内设计电脑手绘快速表现
Interior Computer Hand Drawing Skills

作品欣赏 | 现代的大气 古典的雅韵

楼梯走道表现:

从二楼平台往下看,左右两边的墙体就可以运用对称的方式表现出来。灯光与材质纹理都是运用了设计师专用笔刷表现出来的。

作者:蔡玖玲

卫生间表现：

卫生间空间使用了一点斜透视，整体的空间感会显得更生动。右边的瓷砖墙体直接运用贴图的方式再调整局部明暗与反光表现出来。要注意整体的反射关系。

作者：蔡玟玲

纯粹手绘
室内设计电脑手绘快速表现
Interior Computer Hand Drawing Skills

作品欣赏 | 现代的大气 古典的雅韵

前台与休息区方案表现：

  这是学完一期18天电脑手绘的学生作品，以写实相片级方式来表现，整体效果很逼真，不需要出3D效果图了。整体的灯光与材质、纹理都把控得很到位，在绘图当中要注意的是深空间里面的整体会亮一点，这样的视觉中心点会向里一些。

作者：李奕丰

前台与休息区方案表现：

　　空间的灯光与材质处理得很到位，地面与屏风运用了贴图的形式。在画面的贴图上再给出光线的变化，这样画面会显得更逼真。正面前台的大理石纹理直接运用了设计师专用笔刷，调整纹理颜色，刷两笔就能表现出来。

作者：李奕丰

纯粹手绘
室内设计电脑手绘快速表现
Interior Computer Hand Drawing Skills
作品欣赏 | 现代的大气 古典的雅韵

宴会厅方案表现：

宴会厅运用了一点透视，两边墙体设计是对称的，所以线稿与色彩都采用了对称模式。宴会厅的圆桌主要表现一张就可以，其他的直接复制，后面的复制过去再调整亮度，这样才能区分好前后关系。水晶灯直接运用笔刷刷几笔就能快速表现出来。

作者：林俊武

办公走廊方案表现：

办公走廊运用现代的手法进行设计表现，要注意处理进深的虚实关系，越到远处颜色会越浅，画的东西会越虚化。注意地面材质的反射，要给出墙体的倒影。

作者：李畅

纯粹手绘
室内设计电脑手绘快速表现
Interior Computer Hand Drawing Skills

作品欣赏 | 现代的大气 古典的雅韵

餐厅方案表现：

这是日光餐厅的表现，要注意空间的日光阴影表达。吧台的椅子只要画一张，其他的直接复制调整大小就可以。空间表现完色彩后把线稿隐藏，这样显得画面更真实。

作者：周成乐

卧室方案表现：

　　这是日光卧室的表现，现代简约风格，整体的设计很干净，所以色彩运用了日光。空间以白色墙体为主，但是在视觉效果中白色会根据环境颜色而调整，整体空间色调是冷色调，那么白色会偏灰；整体空间色调是暖色调，那么白色会偏暖。

作者：周成乐

纯粹手绘
室内设计电脑手绘快速表现
Interior Computer Hand Drawing Skills

作品欣赏 | 现代的大气 古典的雅韵

作者：劳彩媚